AF413899

Mirko Maccani

La biodiversità a casa

GIARDINI E BALCONI

LUOGHI IDEALI PER PRESERVARLA,

FAVORIRLA E GODERE DEI RISULTATI

◆

Illustratori:

Ava Maccani
Maria Wiedenhofer
Nicolas Maccani

EDIZIONI WE

ISBN 979-12-5497-154-3

©2024 Edizioni WE di Nicola Bergamaschi
Via Paulli 10/A – 26015 – Soresina (CR)

www.clickpertutti.com
www.edizioniwe.com
www.facebook.com/edizioniwe
www.instagram.com/edizioniwe
info@edizioniwe.com

PREFAZIONE

Il caro **Mirko Maccani** torna con la sua nuova opera intitolata **"La biodiversità a casa"** che ha il nobile scopo di preservarla e favorirla, attraverso consigli e suggerimenti che possono essere messi, in pratica, da chiunque (adulti e ragazzi), in giardino e sui balconi, sia in paese che in città.

Un libro proprio per tutti.

Sono convinto che questo testo possa fare la differenza e sono orgoglioso di pubblicarlo; molta bella la scelta educatica dell'autore di coinvongere "piccoli illustratori"

Tutti potranno finalmente circondarsi della bellezza della natura, contribuire a salvaguardare la biodiversità, così spesso minacciata e godere pienamente dei benefici che ciò comporta.

Nicola Bergamaschi
Fondatore Edizioni We

La biodiversità a casa

A Werner Menapace,
il nostro cammino insieme è stato breve,
ma come insegna la montagna,
non sono le ore che contano,
ma le esperienze vissute.

Come rendere vivi balconi e giardini

L'idea di questo volume nasce grazie a diverse conversazioni avute con i miei figli. Le loro mille domande sulla presenza o assenza delle specie animali nel nostro giardino, mi hanno portato prima a cercare e poi a dare loro le mille risposte. Successivamente, ho iniziato a chiedermi cosa potevo migliorare, non solo in giardino, ma anche negli altri spazi scoperti, così ho osservato la biodiversità presente a casa nostra e quella nei dintorni. Ho studiato, ragionato e infine messo in atto molti piccoli cambiamenti. Negli anni, alcuni hanno portato a risultati e altri no; però, sono stati proprio i fallimenti che mi hanno portato a conoscere e capire meglio molti animali. Il progetto è ancora in evoluzione, si può sempre migliorare, ma sono contento dei progressi.

In questo libro vi parlerò degli animali selvatici, che possono frequentare e rendere più vivi i nostri giardini, balconi e terrazze, e di quanta biodiversità si possa sviluppare con uno sforzo minimo. Per ottenere tutto ciò, dovremmo anzitutto porci delle domande.

Dove viviamo?
La zona, il contesto, la nostra fascia climatica

Per prima cosa bisogna comprendere dove viviamo: la nostra casa è in un contesto rurale, in un paese o in una grande città? Questa valutazione è un requisito fondamentale per capire quali animali selvatici potrebbero essere presenti nella nostra zona. Dobbiamo ricordare che lo scopo non è (e non dev'essere!) quello di attirare in casa animali dal bosco o dalla campagna, con foraggiamenti insensati e scellerati. Ci sono animali che per il loro bene e, in alcuni casi, anche per il nostro, devono rimanere nei loro *habitat*, ad esempio i grandi carnivori, cervidi e altri. Ci sono invece alcune specie: piccoli rettili (gechi, lucertole), anfibi, insetti, artropodi, molluschi, uccelli (dalle cince alle cicogne) e piccoli mammiferi (ricci, pipistrelli, ghiri), che si sono adattati molto bene alle infrastrutture umane.

Abitare in una casa con giardino in una città, non è come vivere nella stessa tipologia di abitazione in un paese di campagna o di montagna. Questo però, e per fortuna, non esclude che si possano ottenere risultati interessanti per aumentare la biodiversità in entrambe le situazioni.

Sul nostro pianeta ci sono sempre stati diversi biomi: le foreste (temperate, umide e pluviali) i deserti, la steppa, la tundra, la savana, la taiga e molti altri, sia terrestri che marini.

L'uomo è divenuto nella sua evoluzione un ingegnere ecosistemico (così sono definite le specie che creano o modificano, mantenendo o distruggendo, un *habitat* - come le formiche, i castori, gli elefanti) e sta creando un nuovo bioma: quello delle città, la cui ecologia è totalmente diversa, per temperature, umidità, clima, bilanciamento di sostanza organica ed inorganica, rispetto alle aree limitrofe.

Questo nuovo *habitat* sta inducendo alcuni animali a diventare stanziali e a differenziarsi da altri della stessa specie, che continuano a vivere nel proprio luogo d'origine, come ad esempio nel bosco.

Vivendo e riproducendosi nel nuovo *habitat*, tali soggetti svilupperanno adattamenti specializzati, che a lungo termine, non così lungo, porteranno a nuove sotto-specie e poi specie (consiglio il libro di Meno Schilthuizen, *Darwin va in città*).

Questi adattamenti sono necessari agli animali, piante e funghi, per poter vivere in un ambiente con caratteristiche diverse da quelle dei rispettivi luoghi d'origine.

Ciò spiega perché nelle città si possano incontrare animali e piante che, ora dopo molte generazioni, sono incapaci di vivere altrove, a dispetto della loro origine. Vi sono anche delle specie che alla città non si adatteranno mai, nonostante vivano ai suoi confini.

Non tutti gli esseri viventi sono in grado di adattarsi ad un nuovo *habitat*, non velocemente quanto meno. Ma le specie che nel bosco limitrofo chiameremmo alloctoni, lo sono veramente anche in città? In questo nuovo bioma?

Si potrebbe discuterne a lungo. Alcuni "alloctoni" vivono

meglio in città degli "autoctoni", grazie ad un percorso evolutivo diverso o per una migliore plasticità, che rende loro più congeniale il nuovo *habitat* (vedi anche "Isola di calore urbana", The Climate of London di Tony J. Chandler). Nei centri abitati troviamo ormai diversi animali, che sono presenti quasi esclusivamente lì: dai passeri al colombo torraiolo, fino ad alcune specie di pipistrelli.

Alla luce delle considerazioni fatte, anche la scelta delle piante, che sono le fondamenta del nostro progetto, sarà diversa in base al luogo in cui viviamo.

Inoltre, occorre tenere in considerazione com'è strutturata la nostra casa, perché ciò che possiamo fare dipende dalla tipologia e dall'ampiezza degli spazi a nostra disposizione: un giardino grande o piccolo, un terrazzo o un balcone costituiscono opportunità differenti.

A prescindere da tutto ciò, è bene ricordare che per aiutare o salvare un qualsiasi animale, dobbiamo tutelarne *l'habitat* e che la biodiversità animale aumenta con la diversificazione e la complessità dell'*habitat* stesso.

Autoctono o alloctono?

Potremmo discutere a lungo di questa distinzione. Credo dipenda molto da alcune considerazioni, la più importante delle quali è: l'alloctono in questione, è un infestante oppure no? In secondo luogo, da quanti secoli è in Italia? Poi, occorre valutare l'ubicazione: è in casa, all'aperto, in campagna o in una metropoli? Le domande da porsi, sarebbero ancora molte.

Ci sono piante che possono costituire un grave problema per i nostri ecosistemi e per questo motivo vanno assolutamente evitate. Se abitate in campagna o vicini ad essa, o in zone limitrofe a un bosco, privilegiate la scelta di piante autoctone, optate in secondo luogo per le piante alloctone purché già presenti in Europa da secoli, e mai per quelle invasive. Prendiamo in considerazione che anche il territorio nazionale è ampio e dal clima variegato, di conseguenza esistono piante autoctone endemiche italiane sensibili alla diversità dell'*habitat*.

C'è veramente una vasta scelta tra fiori, piante officinali (medicinali e aromatiche), verdure e frutta da poter individuare tra quelle non invasive. La mia prima scelta cade comunque sulle autoctone e sulle alloctone che vivono qui da secoli. Le alloctone invasive non andrebbero mai prese in considerazione.

Qui trovate le specie esotiche invasive e non solo delle piante:

www.isprambiente.gov.it/files2018/notizie/allegato.pdf

www.isprambiente.gov.it/public_files/scoiattoli/GIGANTE_20180412.pdf

Balcone e terrazzo

Il balcone o il terrazzo (generalmente più ampio) sembrano a prima vista luoghi poco vissuti e scarsamente interessanti, ma non è così. Sicuramente, l'ubicazione della casa (campagna, paese, città, ecc.) è un fattore importante per la diversificazione dei vari animali che possono visitare un balcone e decidere di stabilirvisi; ma anche in un paese o in città le specie che lo possono frequentare non sono da sottovalutare.

I balconi, come i parchi cittadini, possono costituire delle isole preziose, con *habitat* diversi da quelli di un marciapiede, della galleria di una metropolitana o di un tetto.

Proviamo a farci dei quesiti.

Quali sono gli animali che potrebbero frequentare il nostro balcone?

Considerando la latitudine, potremmo trovare lucertole o gechi, farfalle, imenotteri vari, coccinelle e altri coleotteri, uccellini e in alcune città persino falchi.

Cosa possiamo fare per agevolarne la presenza?

Tenendo conto che per tutti gli animali le cose fondamentali sono: nutrirsi, sopravvivere e riprodursi, e che nutrirsi implica far parte di una catena alimentare, dovremmo rendere il nostro balcone desiderabile rispetto ai loro scopi. Saranno fondamentali le piante che, grazie anche alla simbiosi con i funghi, sono gli unici essere viventi capaci di trasformare la sostanza inorganica in organica, diventando così nutrimenti per un gran numero di animali.

Saranno quindi necessarie delle piante, possibilmente a fioritura, che oltre ad abbellire il balcone o arricchire la tavola di frutta e verdura, saranno in grado di attrarre farfalle, imenotteri e altri artropodi che, a loro volta, attireranno lucertole e gechi. Potreste veder svolazzare anche api selvatiche e bombi e tutti questi insetti attireranno gli uccelli come le cince, le rondini e, durante la notte, i pipistrelli.

Molte piante presentano il vantaggio di poter essere utilizzate in cucina come il rosmarino, la salvia, l'origano, la lavanda e la ruta; queste, grazie alle loro fioriture attireranno molte farfalle e vari apoidei, e rimarranno di dimensioni contenute se piantate in vaso. Così come i pomodori, che produrranno gli stessi effetti.

Oltre alle piante, possiamo pensare ad altri modi per favorire la presenza degli insetti? Negli ultimi anni vanno di moda i Bug Hotel, casette apposite; sono delle piccole strutture dotate di caratteristiche necessarie alla vita dei

vari artropodi. Sul mercato ce ne sono di molti tipi, mi preme però ricordare, che sono spesso più belle che utili e ve ne spiego il motivo. Queste casette hanno componenti diverse, per materiale, forma e dimensione, ciascuno dei quali è ideale per alcune specie, genere o classi animali; purtroppo, spesso, si tratta di animali che sono in competizione tra loro o, addirittura, vivono come prede e predatori. L'ideale sarebbe che questi piccoli hotel fossero dedicati a singole classi animali, ad esempio: uno per le api selvatiche ed uno per le farfalle, dislocati ai lati opposti del balcone, sarebbero funzionali allo scopo. Se avete spazio, potete collocarli in un angolo possibilmente soleggiato al mattino ed in ombra al pomeriggio, insieme a qualche minerale o pietra, utili ai piccoli sauri diurni.

Se si ha una grande terrazza, si può tentare l'installazione di una casetta-nido per cince e piccoli passeriformi nell'angolo più tranquillo e meno frequentato dagli umani.

Lasciare un po' d'acqua in un sottovaso con un sasso al centro, può essere un'importante fonte idrica per molti piccoli animali; ricordate però, di svuotarla spesso e completamente, per evitare di allevare anche le zanzare, certamente utili per alcuni predatori, ma meno per noi.

È necessario chiarire che non tutto quello che allestirete verrà utilizzato e occupato velocemente, ci vorrà tempo. I vari animali devono scoprire il posto e capire che questa "nuova fonte di benessere" non è temporanea, e con un po' di pazienza si avranno molte soddisfazioni.

È utile ricordare che conviene utilizzare piante resistenti a varie malattie, che siano esse selvatiche o *cultivar* specifiche; creare tutto questo e avere poi la necessità di trattare le piante in balcone perderebbe logica, anche se con prodotti definiti "biologici", che spesso non sono per nulla selettivi.

Il giardino

Per il giardino valgono alcuni concetti già visti per il balcone.

Esso può essere piccolo o grande, collocato in una città o in un paesino, confinare con una strada o con il bosco (come quello di casa mia), essere in un luogo mediterraneo o alpino; tutte queste differenze cambieranno moltissimo le possibilità di condividerlo con altre specie animali.

Oltre agli animali menzionati in precedenza, in un giardino si aggiungono molte altre specie, classi e *phylum*, al ventaglio di opportunità per accrescere la biodiversità. Potremmo attrarre grilli, cicale, onischi, anfibi, molluschi, ricci, serpenti, faine, volpi e, se state in campagna o in montagna: scoiattoli, tassi, caprioli ed anche grandi predatori. In quest'ultimo caso, non bisogna incentivare la presenza di alcune specie foraggiandole.

Trovare l'equilibrio non è semplice, ma è possibile. Lasciare in bella vista del cibo per gli animali domestici o posizionare rifiuti e compostiere in punti facilmente raggiungibili non va bene. Per il compost esistono degli ottimi "box", che si possono chiudere e che lasciano passare solo l'aria e gli invertebrati utili per la decomposizione, evitando di essere una fonte attrattiva per volpi, tassi, cinghiali ed orsi. Questi animali stanno diventando troppo sinantropici e questo è un pericolo, per loro e per noi.

Tornando a cosa possiamo fare per attrarre altri animali, specialmente nei giardini in città, benché dipenda molto dalla grandezza del giardino, abbiamo molto più margine di azione che su un balcone. Anche in questo caso, occorre dotarsi di piante e fiori diversi, con periodi di fioritura distinti. La prima cosa da fare è riuscire ad avere fioriture da marzo ad ottobre scegliendo piante con tempi distinti, oppure specie rifiorenti.

Ricordo sempre le spezie e le piante officinali, utili anche a tavola, in questo caso: lavanda, ruta, salvia, origano, rosmarino, aneto, timo, sono tutte tipologie semplici da coltivare.

Anche il prato non deve necessariamente seguire lo stile inglese; potremmo dedicare uno spazio all'orto, coltivando tra gli altri: finocchi, carote e prezzemolo; piante nutrici del bruco del macaone (*Papilio machaon*), che diventa una delle farfalle più belle al mondo, a mio parere.

Un'altra bellissima farfalla è il podalirio (*Iphiclides podalirius)* che adora invece le piante rosacee come il prugnolo (*Prunus spinosa*), un bell'arbusto i cui frutti possono essere utilizzati anche per fare le marmellate. Questi piccoli esempi, relativi a due lepidotteri, evidenziano quanto un *habitat* debba essere idoneo per una specie animale.

Quello a cui alcune persone non fanno caso è che gli animali sono spesso specializzati, chi di più e chi di meno; e più un essere vivente è specializzato, più è a rischio di estinzione, poiché è più facile che gli vengano a mancare le poche o uniche risorse che gli sono necessarie. Non tutti infatti, riescono ad adattarsi al nuovo ambiente in tempo per salvare la propria specie.

Sappiate che più rendiamo diversificato un giardino, più specie attireremo e più biodiversità ci sarà. In base alle proprie possibilità si può pensare di ricavare varie zone: una con spezie e piante officinali, un'altra destinata alla coltivazione delle verdure, un'altra ancora dedicata alle aiuole di fiori o cespugli.

Voglio raccontarvi di alcuni interventi che ho fatto nel mio giardino, in modo da avere un esempio esaustivo.
Negli anni ho creato vari ambienti, il primo dei quali è stato un giardino roccioso: ho recuperato dei sassi e dei massi, e con essi ho costruito in un angolo un'aiuola rialzata; il muro di sostegno è a secco, un'antica tecnica che permette la costruzione di muretti senza l'utilizzo del cemento, e l'aiuola stessa è un cumulo di pietre. In alcuni spazi fra i massi, ho messo della terra e piantato varietà adatte ad un *habitat* roccioso e con poca sostanza organica: piante succulente, stelle alpine, primula odorosa,

campanula dei ghiaioni (*Campanula cochlearifolia*) e altre piante montane e mediterranee. Il resto della struttura, che è pieno di fessure e fenditure, è un paradiso per piccoli rettili, chiocciole, anfibi e molti altri animali. La parte più bassa del muretto, che è coperta da piante cadenti, ha delle fenditure nascoste, umide e ospita animali diversi dall'area più esposta al sole. Il muro a secco ha anche un'altra particolarità: più l'area risulterà profonda meno sbalzi termici ci saranno nella parte interna. Tutta questa varietà ambientale, offre la possibilità di creare il clima ideale ad avere ospiti diversificati.

Il giardino roccioso, grazie alla scelta delle piante presenti, ha il vantaggio di avere un fabbisogno di acqua minimo. Ci sono molti libri che parlano di muri a secco e di giardini rocciosi. La scelta è veramente ampia, credo che i migliori testi siano in inglese o tedesco, se avete modo di leggerli vi suggerisco di farlo. Ad ogni modo, negli ultimi anni anche i testi in italiano sono aumentati e questo mi rende felice.

Un secondo ambiente che ho creato nel mio giardino è un angolo di sabbia, con qualche pietra e qualche vecchia radice. Ho posizionato quest'area vicino ad un cespuglio di dimensioni ridotte, che permette comunque una buona esposizione al sole: forse non è esteticamente bello, ma è un terreno utile alle lucertole ed agli artropodi per la deposizione delle uova.
Come pianta perimetrale opterei per la siepe, se possibile inframezzata da qualche pianta con spine o aculei. A pro-

posito, ecco una piccola parentesi curiosa: le rose non hanno spine ma dardi (aculei), il prugnolo selvatico e le cactacee invece, hanno le spine. All'interno di tutte le spine passano i tessuti conduttori. Le spine possono essere foglie modificate, come nei cactus e nel *Berberis vulgaris* chiamate quindi spine fogliari che regolano anche la traspirazione. La funzione fotosintetica nel caso delle cactacee è affidata al fusto, che per questo motivo è di colore verde. Alcune spine sono invece rami modificati come quelle caulinari (Biancospino), altre hanno origine dalle stipole e si chiamano spine stipolari (*Robinia pseudoacacia*), infine ci sono quelle radicali, originate dalle radici. Le spine hanno una funzione di difesa meccanica, alle volte possono contenere sostanze tossiche e in alcuni casi si occupano della fotosintesi (come abbiamo visto in precedenza). I dardi/aculei, come quelli delle rose, sono invece escrescenze del tessuto subepidermico del fusto, servono solo come difesa meccanica e sono prive di tessuto vascolare.

Desidero spiegarvi perché consiglio piante con queste caratteristiche: esse tengono al sicuro i nidiacei dai gatti o i mustelidi, come faine e donnole.

Ci tengo inoltre a raccomandare, che la siepe venga potata in tardo inverno; potarla in primavera/estate con i nuovi nidi già presenti, è una cosa da non fare assolutamente! La siepe è un ambiente utile anche per molti artropodi, in essa c'è moltissima vita, al contrario di un muro in cemento o di una rete. Si può pensare di utilizzare entrambe le protezioni fino a quando la pianta non sarà sufficientemente cresciuta.

Le siepi possono essere di due tipi: a cespuglio o ad alberello. La prima tipologia ha ramificazioni molto basse, ottimi nascondigli per molti animali: ricci, rospi, ramarri. La seconda tipologia invece, non può fungere da nascondiglio, perché il tronco presenta le prime biforcazioni dei rami a 50-60 cm da terra (troppo in alto per quegli animali). Come varietà di piante per la siepe escluderei la thuja, anche se è molto di moda. È una pianta alloctona, che non offre un *habitat* naturale ai nostri animali autoctoni. Scegliete sempre, quando è possibile, qualcosa di nativo e alternate varie specie di piante.

Nel mio giardino ci sono due nidi artificiali per passeriformi, che nella norma vengono occupati da cinciallegre o codirossi. Nella siepe invece, nidificano principalmente merli.

Negli ultimi anni, ho costruito anche uno stagno, che ho modificato e migliorato più volte, con lo scopo di avere un *habitat* diverso da quelli già presenti, che potesse anche fungere da abbeveratoio per vari animali che frequentano il giardino. Al contrario di una fontana posta in alto, della quale potrebbero approfittare solo poche specie, nel laghetto possono bere tutti. La zona ideale per il posizionamento del laghetto non è in pieno sole, perché l'esposizione favorirebbe il proliferare delle alghe e porterebbe ad un aumento eccessivo della temperatura dell'acqua. Sarà meglio optare per un luogo in penombra o sotto ad un grande albero.

Esistono due tipi di stagno: prefabbricato o a telo; io ho scelto quest'ultimo. Ho scavato una buca, vi ho messo della sabbia quindi un sotto telo, che proteggerà il telo finale che così non rischierà di essere forato. Le sponde devono scendere dolcemente, almeno da un lato, questo è importante per permettere ad eventuali animali, che ci dovessero entrare o cadere, di poter uscire senza grosse difficoltà.

L'ampiezza e la profondità non sono molto importanti, per darvi un'idea, il mio è 1,7 m x 2,2 m e parte dal livello del terreno e scende fino ad 1 m nella sua massima profondità, ma può anche essere ridotto.

Nello stagno ho messo delle piante acquatiche autoctone evitando appositamente quelle alloctone. Queste servono per ossigenare, ma anche come futuro *habitat* per artropodi ed altri animali. Attualmente ho aggiunto allo stagno una piccola pompa solare con filtro, ma col passare degli anni si raggiungerà un equilibrio, che la renderà superflua.

Oltre alle piante acquatiche, ho inserito anche piante da riva. Ho aggiunto ninfee, *Ceratophyllum demersum* come pianta ossigenante, della tifa e altro. Ho messo delle lumache d'acqua dolce, spazzine (*Lymnaea stagnalis*), ma non ho inserito i pesci, perché in un laghetto così piccolo mangerebbero le larve di molti insetti, che vorrei invece ospitare.

(Ho detto di non inserire deliberatamente animali nel nostro giardino, ma con le lumache acquatiche ho dovuto fare un'eccezione. Come detto non ci sono fossi o stagni nelle vicinanze e il mio laghetto non è collegato ad altri bacini. L'unico modo per averle era portarle ed essendo un animale fondamentale per l'ecologia dello stagno non avevo altre possibilità. Tutti gli altri animali, alati e non, sono giunti da soli negli anni.)

Il vero problema dei laghetti sono le zanzare; la strada più semplice per evitarle sono i pesci rossi, ma, poiché non li volevo, si è reso necessario trovare altre soluzioni ed avere pazienza. I primi ospiti non artropodi del mio laghetto sono stati i rospi comuni (*Bufo bufo*) che si sono riprodotti, riempiendolo di girini; sono quindi arrivate subito anche le libellule e le damigelle, che da adulte mangiano molti insetti volanti e che nello stadio larvale cacciano anche le larve di zanzara così come, gli insetti pattinatori (gerridi) e la notonetta, un piccolo insetto che vive sul pelo dell'acqua e che ha le zampe rivolte verso l'alto; è un animale affascinante che vive in un mondo capovolto dato che per lui, il fondale è il confine dell'acqua e la nostra atmosfera. La notonetta può anche volare e cercare nuovi specchi d'acqua. Recentemente nel mio laghetto si è aggiunto il ditisco marginato, un coleottero acquatico, che è un vero killer, sia da larva che da adulto. Tutti gli insetti di cui vi ho parlato, sono grandi cacciatori di altri artropodi, ma anche di piccoli pesci e anfibi.
Il laghetto è utile anche come abbeveratoio, ne approfittano molti uccelli, api, piccoli mammiferi, pipistrelli, ric-

ci e confinando con il bosco, è frequentato da faine, topi selvatici, ricci, scoiattoli e serpenti che vanno a caccia, in base alla loro grandezza, di girini o rospi e si abbuffano di frutta o noci che trovano in giardino. La recinzione deve, per questo motivo, essere studiata in base a quali animali volete far entrare e quali no. Nel mio caso, volevo tenere lontani alcuni carnivori e i cervidi; quindi è bastato lasciare uno spazio di 15 cm sotto al cancello e sotto alla rete (all'interno della siepe) per permettere il passaggio degli animali più piccoli. Il cancello e la rete tengono, in questo caso, lontani solo volpi, tassi e caprioli.

Ovviamente in città la fauna è ridotta, ma in un giardino ben "arredato" molti uccelli, alcuni piccoli rettili, farfalle e altri piccoli animali sono facili da attirare. In un paese si aggiungono altri animali molto sinantropici: il riccio, la faina, alcuni pipistrelli e anfibi più usuali, come il rospo comune.

Un altro animale, che mi piace osservare e che può essere ospite anche dei balconi, è la sfinge del galio, chiamata anche sfinge colibrì (*Macroglossum stellatarum*). Si tratta di una falena con una lunghissima spiritromba, utilizzata per succhiare il nettare. Per quest'organo, che può sembrare un lungo becco, e per il suo modo particolare e velocissimo di muovere le ali, ricorda il colibrì.
Il prato stesso può avere molta biodiversità e presentare dei vantaggi da non sottovalutare.

Come già scritto, non amo il prato inglese: assomiglia a

un campo da golf, a un tavolo da biliardo ed è così perfetto da sembrare appena uscito dal barbiere. Non mi piace esteticamente (gusto personale) né per la poca biodiversità che vi si trova.

Al giorno d'oggi si può scegliere tra una varietà di tipologie di prato, che hanno bisogno di una manutenzione ridotta, di pochissima acqua e di poche falciature. Tutto ciò dipende, ovviamente, dal tipo di specie vegetali che sono state scelte.

Il mio prato è misto, in passato era stata seminata la classica erba da prato inglese, ma ora ci sono moltissime altre specie: i trifogli, sia rossi che bianchi (tipo *Trifolium pratense* e *Trifolium repens*), interessanti perché grazie alla simbiosi con un batterio, sono in grado di fissare l'azoto atmosferico e renderlo disponibile come nutriente per le piante stesse; la pratolina comune (*Bellis perennis*), la piantaggine maggiore (*Plantago major*), il tarassaco comune (*Taraxacum officinale*) e molte altre piante erbacee. Queste, sono una vera calamita per molti impollinatori.

Per quanto riguarda la gestione dell'erba, se non è strettamente necessario non la taglio, ma se lo faccio, mantengo un'altezza tale da evitare di ferire eventuali animali che si fa fatica a vedere: rospi, orbettini, chiocciole; inoltre, non falcio mai tutto il prato, ma solo una metà per volta, e attendo che sia nuovamente in fiore la pratolina ed i trifogli prima di procedere con l'altra metà; in questo modo mantengo viva la presenza di molti impollinatori ed altri insetti.

I prati di questo tipo hanno meno fabbisogno di acqua, fattore da non sottovalutare, visto l'andamento climatico. Nel giardino con i Bug hotel ci si può sbizzarrire: oltre alle casette per api selvatiche e farfalle, si può valutare anche quella per i bombi. È importante però, porre attenzione alla presenza del picchio e proteggere eventualmente le casette con una rete metallica, per evitare che predi le larve. Non mi dilungo sulle casette; in rete ci sono molti gruppi e pagine dedicate, ricche di consigli.

La casetta per le api selvatiche per esempio, io l'ho costruita da solo. Ricordo nuovamente di evitare quelle destinate a varie specie di insetti e artropodi, preferendo più casette, ciascuna dedicata ad una singola specie.

E vi ricordo, di non lasciarvi sedurre dalla malsana pratica di alimentare gli animali selvatici. Non va dato loro da mangiare, ma va messo a loro disposizione solo un *habitat*. So che questo è un argomento complesso, che va valutato e affrontato in relazione a due situazioni diverse.

Una cosa è vivere in una grande città che, come detto all'inizio del libro, è un bioma a sé stante, molto diverso dagli altri, di recente costituzione ed in cui c'è bisogno di adattamenti veloci e di un'altrettanto rapida evoluzione. Tutt'altra cosa è vivere vicini al bosco, alla campagna, alle montagne; dove, attrarre animali, che sono ovviamente opportunisti, diventa un pericolo per gli incidenti stradali, l'incontro-scontro con gli umani o con altri animali domestici.

In un giardino di città, un nocciolo, un noce o un prugnolo attireranno un certo tipo di animali, specialmente uccelli e insetti; mentre le stesse piante, in aperta campagna, saranno d'interesse per altre specie animali, come ghiri e scoiattoli.

Il mio giardino confina con un bosco misto in cui ci sono noci, castagni, noccioli, faggi, ma anche pini, diversi abeti, carpini, frassini, betulle, querce; una tale varietà garantisce una grande biodiversità di fauna. Gli animali che frequentano il mio giardino lo percepiscono come un *continuum* del loro *habitat* e non vengono assolutamente foraggiati, proprio perché non preferiscano il mio giardino al bosco. Anzi, chiudo loro il cancello. La casa in cui abitavo con i miei genitori si trovava in una cittadina e nel nostro giardino i ricci erano rari, le faine in aumento, come alcune specie di uccelli, mentre altre sono quasi scomparse. La città non è per tutti, perché non sempre gli individui riescono ad adattarsi alle infrastrutture presenti. Le pareti verticali dotate di cornicioni, caratteristiche di molte case, sono adatte ad alcune specie di volatili, altri uccelli per l'anatomia delle proprie zampe hanno invece bisogno di alberi e rami; questi ultimi, a volte, possono essere sostituiti con cavi del telefono o della corrente, che però non sono in grado di fornire protezione come le foglie.
Credo basti poco, chiunque di noi, passeggiando, nota la differenza fra *l'habitat* cittadino e qualsiasi altro, eppure

alcuni animali, piante e funghi si stanno adattando.

D'altronde lo abbiamo fatto pure noi, no? Ed è proprio per questo che ho pensato di scrivere questo volume, per coloro che amano gli animali e che vorrebbero vederli anche al decimo piano-di un palazzo.

Oggigiorno, in molte città del mondo, ci sono bellissimi giardini sui tetti. Passeri, colombi, falchi pellegrini, corvidi, merli, barbagianni, civette, anche gabbiani e recentemente pappagalli, sono degli habitué di questi ambienti. È proprio questo il motivo per il quale bisogna accettare questo nuovo bioma, diventarne consapevoli, senza però dimenticare di proteggere gli *habitat* e le nicchie ecologiche di quegli animali molto specializzati che non riescono e non possono avere un altro posto, se non quello d'origine; poiché il tempo e gli adattamenti evolutivi li hanno resi tali.

Un giardino e un balcone hanno bisogno delle giuste peculiarità per attirare gli animali. Questo vuol dire presentare caratteristiche ambientali (*habitat*) idonee, che permettano all'animale di trovare la propria nicchia ecologica e quindi il proprio ruolo nell'ecosistema.

Infatti, una cosa è mettere a disposizione piante che nutrono i vari animali (imenotteri, lepidotteri e altri) ed un'altra cosa è inserire nell'*habitat* anche le piante che ne agevolano la riproduzione.

Ne sono un esempio le farfalle, che possono nutrirsi di nettare da svariate piante, ma che depongono le uova solo su alcuni vegetali specifici. Il bruco, in molti casi, rimane sulla stessa pianta a lungo, che diventa così la sua nutrice. Per i vari imenotteri selvatici, solitari o sociali, possiamo invece scegliere diverse piante, che inizialmente li attireranno grazie al loro nettare, ed in seguito ne agevoleranno la permanenza e la riproduzione.

Le farfalle

Per quanto riguarda le farfalle, ecco alcuni esempi delle più conosciute. Le farfalle però sono veramente tantissime e basta informarsi un po' per capire quali piante avere, anche in terrazzo, per vederle arrivare.

Podalirio *(Iphiclides podalirius):*

Depone su pianta nutrice: *Prunus spinosa, Prunus sp., Pyrus sp., Malus sp., Sorbus sp.,Crataegus sp.*
La larva rimane in genere sulla pianta nutrice.

Macaone *(Papilio machaon)*
Depone su pianta nutrice: *Foniculum vulgare, Daucus carota, Pastinaca sativa, Ruta graveolens* e su piante dei generi *Cicuta, Carum, Pimpinella, Aegopodium, Anethum, Angelica, Ruta, Pastinaca, Dictamnus, Levisticum.*
La larva rimane in genere sulla pianta nutrice.

Licenide di Marshall *(Cacyreus marshall)*
Depone su pianta nutrice dei generi *Geranium* e *Pelargonium*. Si impupa sulla nutrice.

Atalanta *(Vanessa atalanta)*
Depone su pianta nutrice dei generi *Urtica* e *Parietaria*. Le larve si impupano sulle piante nutrici.

Vanessa del cardo *(Vanessa cardui)*
Depone su piante nutrici dei generi *Cirsium*, *Echium*, *Malva* e *Cardus*. Le larve si impupano sulla pianta nutrice.

Pafia *(Argynnis paphia)*
Depone nelle cortecce di vari alberi o nel muschio, la pianta nutrice appartiene al genere Viola.

Vanessa io *(Aglais io)*
Depone sulla pianta nutrice *Urtica dioica*. Le larve si impupano sulla pianta nutrice.

Cedronella *(Gonepreryx rhamni)*
Depone su pianta nutrice *Frangula alnus* e del genere *Rhamnus*. Le larve si impupano sulle piante nutrici.

I bombi

Quando pensiamo agli impollinatori pensiamo quasi sempre all'ape domestica (Apis mellifera), ma in realtà il mondo è pieno di impollinatori: altre api selvatiche, apoidei, insetti, artropodi e molti altri animali. Quelle che notiamo più spesso sono le farfalle, di cui abbiamo parlato nel capitolo precedente, ed i bombi.

I bombi sono impollinatori molto efficaci. Ne avrete sicuramente notato la peluria, che li protegge molto bene dal freddo e quindi, permette loro di prolungare l'attività giornaliera, rispetto a quanto può fare l'ape comune.

Oltre a godere di questa straordinaria protezione, i bombi riescono a volare anche con il vento, fino al grado 6 della scala Beaufort. *Bombus pascuorum* e *B. hortorum* sono le specie che meglio sopportano le condizioni ventose, mal tollerate invece dalle api, e volano anche in giornate uggiose o con leggera pioggia.

I bombi riescono così ad impollinare più velocemente delle api e visitano un numero maggiore di fiori e di specie di fiori in una sola giornata. Inoltre, molte specie hanno un apparato boccale più lungo dell'ape (eccetto *B. terrestris*, che nei fiori a corolla lunga, si fa strada con la mandibola) e questo permette loro di raggiungere il nettare anche in fiori con la corolla stretta o più profonda, inaccessibili alle api, come per esempio il mirtillo e il mirtillo rosso.

Diversamente dalle api, che grazie alla loro danza comunicano alle sorelle le migliori fonti di cibo, i bombi frequentano indistintamente tutti i fiori nelle vicinanze del nido, garantendo così una migliore impollinazione incrociata; questa caratteristica ha portato al loro allevamento, come accade per *Bombus terrestris* nelle serre dei pomodori, ma non solo.

Qui di seguito riporto alcune delle tantissime specie di Bombi e alcune delle piante che essi frequentano.

Specie:
Bombus terrestris, Bombus hortorum, Bombus pascuorum, Bombus pratorum, Bombus lapidarius, Bombus argillaceus, Bombus ruderatus

Piante:
Lavanda, rosmarino, salvia comune (*Salvia pratensis*), *Rudbeckia* sp., Marrubio selvatico (*Ballota nigra*), papavero, trifoglio bianco e rosso, clinopodio dei boschi (*Clinopodium vulgare*), *Digitalis* sp., *Echinops* sp., lupino, astro (*Aster* sp.), falsa ortica (*Lamium* sp.), Ribes sp, fragole, menta, alberi da frutto come: ciliegio, prugno, melo, pero, pesco, castagno, ed ancora verdure come pomodori, melanzane, peperoni.
Si possono trovare anche sui fiori ornamentali, come tulipani e narcisi.

Ecologia

Desidero precisare che quanto troverete scritto qui di seguito, vale per tutti gli esseri viventi.

Un riccio non va "trattenuto" in una determinata zona grazie alle crocchette per i gatti, ma va "aiutato" con un giardino o un orto, dove ci sono lumache, chiocciole, lombrichi, grilli, forbicine (*Forficula auricularia*) e molte altre sue prede.

Per attrarre i diversi uccelli è sufficiente la presenza di frutta, bacche, bellissimi girasoli e insetti; e per le meravigliose farfalle servono i fiori e le piante giusti.
Quanto più sarà complesso e vario *l'habitat* che metteremo a disposizione, tanto maggiore sarà la biodiversità che potremo ospitare e quindi osservare in varie forme d'interazione: mutualismo, commensalismo, parassitismo, predazione, simbiosi, etc.

Foraggiare animali non va bene, soprattutto per un motivo. Gli animali si abituano con questo nostro modo di operare a trovare risorse in maniera non conforme alle loro consuetudini, dimenticando così le abitudini essenziali per la loro sopravvivenza. Non mi stancherò mai di ripetere che se vogliamo fare del bene, dobbiamo mettergli a disposizione un habitat corretto. Impiantare dei noccioli, dei girasoli, del sambuco, del sorbo uccellatore, delle more e dei cardi è una cosa, riempire casette con mangime un'altra. Dobbiamo capire che in natura, ci sono cicli e alimenti tipici per i vari animali e se in inverni molto particolari, nei quali il manto nevoso perdura per molti mesi, dare un po' di mangime può anche andare bene; in inverni avari di neve non sarà affatto d'aiuto. Gli animali, come ho già spiegato, sono presenti quando le condizioni sono favorevoli e in primis se la catena alimentare è integra.

Se ci sono le piante giuste vi sono insetti, lumache, ragni e altri artropodi, e se ci sono loro ci sono anfibi, rettili, uccelli e altri insettivori come il riccio e così via. Un *habitat* con una buona ecologia sarà sempre ricco di alimenti in modo naturale, e quindi di animali.

Un'altra cosa che consiglio è quella di non raccogliere tutti i prodotti dei nostri alberi; lasciando appese alcune mele, cachi, nespole, noci, corbezzoli eccetera, si garantisce la presenza di molte visite. In tardo autunno molti di questi alberi e cespugli perdono le foglie, ed è anche molto più facile e bello osservare i vari animali che se ne nutrono.

Un giardino ricco di fiori, arbusti ed alberi di molte specie si popola di tanti artropodi diversi; ed è così che i cespugli non costituiscono soltanto un buon posto per nidificare, ma il giardino stesso diventa un ottimo *habitat* per fornire alimentazione a molti uccelli. In mancanza di cespugli adatti a proteggerli dai gatti, si possono invece installare le casette - nido per alcuni passeriformi.

Casette nido per uccelli, bat-box e casette per ricci

I nidi vanno posizionati presto: l'inverno è un ottimo periodo, perché permette agli uccelli di abituarsi alla nuova struttura, evitando che venga occupata da insetti, ragni o piccoli roditori, che in quel periodo hanno già trovato riparo altrove.

All'inizio dell'autunno va rimosso e pulito, per evitare che venga utilizzato dagli insetti e per eliminare gli acari.

Desidero darvi alcuni suggerimenti per scegliere dov'è meglio posizionarli: evitate le zone in pieno sole, prediligendo un albero o un angolo del giardino, ed evitate le zone troppo disturbate dagli esseri umani. Non andate a controllarlo, perché in fase di costruzione del nido e durante il periodo di nutrimento dei piccoli, c'è un continuo andirivieni dei suoi inquilini; in primavera noterete facilmente se è stato occupato.

L'esposizione migliore è ad ovest, ma se non è possibile, orientatelo come potete. La casetta deve sporgere leggermente, dev'essere inclinata in avanti ed avere un tetto più ampio sulla parte frontale: ciò consente di proteggere il foro d'entrata dalle intemperie.

L'altezza ideale di installazione è sui 2,5 metri, deve esserci una traiettoria di volo libera, il supporto non deve oscillare troppo e benché alcune specie preferiscano nidi un po' più nascosti, devono sempre essere comodi da raggiungere.

Vi riporto le misure indicative del nido per specie di piccole dimensioni, cercando di raggrupparne diverse: Cinciarella, Cincia bigia, Cincia dal ciuffo, Cincia mora, Cinciallegra, Balia nera, Passera mattugia, Passera europea/d'Italia, Picchio muratore, Codirosso comune.

Fondo: 15x15 cm
Altezza: 25 cm
Foro: 3 cm e nella parte alta a circa 20 cm dal fondo
Posatoio: 2-3 cm sotto il foro

È possibile acquistare nidi già pronti, ma osservate bene alcune cose: che le misure siano adeguate, che il tetto protegga il foro d'entrata e verificatene il materiale: il legno massiccio non piallato, di abete bianco o rosso, è ottimale; al contrario il legno pressato e compensato sono poco traspiranti. Se lo costruite voi, usate viti e non chiodi, a lungo termine si rivelano più sicure.

Controllate che si possa aprire, perché la pulizia in autunno è importante!

Cercate di posizionarlo dove non arrivano i gatti e considerate che, anche quando non riescono a entrare con la zampa, riescono comunque a spaventare gli uccelli.
In questi casi, una parete è più sicura di un albero.

Altre casette interessanti sono le recenti Bat-box destinate ai pipistrelli, animali utilissimi nel nostro ecosistema ma purtroppo molto minacciati e, proprio per questo motivo, ottimi bioindicatori.

I chirotteri sono nostri grandi alleati nella lotta contro le zanzare.

Le Bat-box si possono comprare a prezzi relativamente bassi e, a chi non dispone di grandi attrezzature, ne consiglio l'acquisto.

Per decidere dove vanno posizionate, considerate che ai pipistrelli non piacciono gli ostacoli, in natura i loro nidi sono spesso negli incavi di vecchi alberi, con pochi rami e privi di foglie; quindi consiglio di individuare un albero, che non abbia alcun ramo sotto alla box, o un muro.

La presenza di una parete, come per le casette degli uccelli, risolve il problema di predatori come faine e gatti.

È preferibile un'altezza superiore a quella delle casette per gli uccelli: consiglio un minimo di 4 metri, ed anche per i pipistrelli avere un tetto è ideale, per essere protetti dalle intemperie. L'esposizione deve garantire luce naturale ed essere lontana da luci artificiali, per non alterare il ritmo veglia - sonno. L'esposizione al sole dovrebbe avvenire solo di pomeriggio: questo permetterà di scaldare il nido per la notte.

La Bat-box verrà occupata in primavera, ma consiglio di posizionarla in tardo autunno, perché i pipistrelli sono molto sospettosi e questo vostro accorgimento eviterà che in primavera ci sia ancora il vostro odore sul materiale. Non è detto che i chirotteri la occupino subito, possono passare anche diversi anni prima che lo facciano; questo dipende da molti fattori, ma il principale è la loro naturale presenza in zona. Per capire se è stata occupata, basta verificare la presenza di guano sotto di essa. Vi consiglio quindi anche di ragionare bene sul luogo di posizionamento, per non trovare escrementi indesiderati in punti delicati per voi. Analogamente a quanto accade con le casette degli uccelli, quando non vengono occupate, è fondamentale pulirle per evitare che vengano utilizzate dagli insetti.

Per quanto riguarda le Bat-box vi consiglio questo sito: https://www.sma.unifi.it/vp-417-bat-box.html#

Sulle Bat-box Paolo Agnelli è uno dei massimi esperti in Italia.

Esistono anche altre casette interessanti, come quelle per i ricci, ma al loro posto ho sempre preferito alternative naturali, come una siepe con rami bassi fino al terreno o foglie accumulate come letto e trattenute in un mucchietto da qualche vecchio ramo o da qualche pietra. Se si preferisce comunque la casetta, un buon posto in cui posizionarla è un angolo del giardino. Le sue misure devono essere circa 40 cm x 40 cm, con un'altezza di 18-20 cm. Il foro d'entrata deve essere ampio 10 x 10 cm. La parte superiore si può proteggere con della lamiera. I ricci penseranno da soli a "foderarla" con foglie, muschio e fieno. L'eventuale presenza di cani è un problema per i ricci.

Altre strutture più semplici e meno impegnative possono essere dei semplici mucchi di pietre di varie dimensioni, o di rami. All'interno di questi mucchi possono trovare riparo moltissime specie animali, da vari artropodi fino a piccoli mammiferi, come ricci e donnole. Anche il compost che va sempre chiuso con una rete a maglia larga per non attirare grandi mammiferi è un ottimo aiuto per molte specie detritivore (specie che si nutrono di resti vegetali e non di radici di piante vive), fra le quali le larve dello scarabeo rinoceronte (*Oryctes nasicornis*) o le larve di cetonia. Il compost è ottimo anche per i lombrichi e i porcellini di terra (*Armadillidium vulgare*), questi piccoli crostacei che si nutrono di animali e piante morte sono ottimi alleati per la decomposizione. Il terriccio ottenuto dal compostaggio non è solo un ottimo substrato per giardino e orto, ma un *habitat* ideale per molti artropodi e non solo.

In questo testo, ho parlato fino ad ora e principalmente degli animali che alla maggior parte delle persone piacciono di più, ossia farfalle, uccelli, api, ricci. Ma a coloro che vedono la natura e l'ecologia nel loro insieme, tutte le attenzioni e gli accorgimenti suggeriti, "regaleranno" anche altri ospiti.

Altri possibili ospiti

Non tutti hanno, come me, la fortuna di avere un giardino e probabilmente, ancora meno che esso sia confinante con un bosco. Come abbiamo visto però, si può fare molto anche su un balcone.

La mia passione per rettili e anfibi mi ha portato a costruire un giardino roccioso ed un piccolo laghetto. Sapevo di avere le condizioni ideali per farlo grazie alla nostra naturale ubicazione, ma è anche vero che al di là del cancello, la natura ha già messo a disposizione ogni ben di Dio: alberi con frutta, ciliegi selvatici e prugnoli, more e fragole di bosco, nocciole, noci, ghiande, castagne, arbusti con bacche, sambuco, sorbo uccellatore, rose selvatiche con i loro cinorrodi ed un terreno estremamente vario, in cui si spazia dai ghiaioni a zone ricche di muschio. In un tale ambiente, una biodiversità importante è già garantita ma, conoscendo profondamente la zona, sapevo che la prima fonte d'acqua perenne dista parecchio; ecco quindi, che lo stagno avrebbe potuto costituire una grande attrattiva. Le zone umide in generale stanno scomparendo ovunque, parecchi ruscelli sono secchi per gran parte dell'anno e molti anfibi sono oggi in grosse difficoltà; volevo quindi riuscire ad aiutare rettili e anfibi che, per ignoranza, spesso vengono uccisi, senza pensare che fanno parte di un'importante ecologia.

Nelle vicinanze dello stagno, negli anni, ho potuto osservare tre specie di serpenti: natrice dal collare (*Natrix hel-*

vetica), biacco (*Hierophis viridiflavus*) e colubro di esculapio (*Zamenis longissimus*), sia adulti che giovani.

Ci sono ovviamente anche le lucertole, lucertola muraiola (*Podarcis muralis*), il ramarro occidentale (*Lacerta bilineata*) e l'orbettino (*Anguis veronensis*), una lucertola apode che spesso viene scambiata per un serpente.

Non potevano mancare gli anfibi: il rospo comune (*Bufo bufo*) ed il tritone alpino (*Ichthyosaura alpestris*) che sono una presenza costante, mentre non si è ancora vista la salamandra pezzata (*Salamandra salamandra*), che si trova facilmente nel bosco vicino.

Ricordo che la biodiversità va vista però nell'insieme, non è composta solo da quegli animali che noi, per via di gusti personali, reputiamo carini. La biodiversità comprende anche molti animali che alcuni di noi ritengono brutti, correttamente o erroneamente pericolosi, viscidi, pelosi, ripugnanti o altro. Fra questi ricadono spesso rettili, ragni, scorpioni e molti altri animali che provocano vere e proprie fobie. Se escludiamo le pochissime specie di rilevanza medica, tutti questi animali soffrono di un'ingiustificata, cattiva fama. Sono tutti animali importanti per l'ecosistema, hanno un ruolo decisivo ed è scorretto classificarli come utili e inutili, in ecologia questa etichetta non esiste. È un nostro giudizio personale su ciò che a noi, ma soprattutto per noi, sembra vantaggioso, ma se osservate bene questa utilità è riferita esclusivamente a noi, non alla natura e non all'ecologia. Se guardiamo solo al nostro interesse personale, vi garantisco che perderemo di vista ciò che è veramente importante, ossia un'ecologia funzionante. Etichettare come utile o inutile è come considerare esclusivamente il nostro tornaconto o come estrapolare un piccolissimo dettaglio dal grande quadro dell'ecologia. I ragni, i serpenti, gli scorpioni, come tutti gli altri animali, sono mattoncini fondamentali e quando uno di questi verrà a mancare, scomparirà il suo ruolo nell'ecologia. In giardino si incontrano anche animali che possono incutere paura o ribrezzo, cercate di evitarli; basta non avvicinarsi troppo o allontanarli in modo adeguato e rispettoso.

Molte persone non pensano a quanto la mancanza di una singola specie in una zona, si possa ripercuotere su molte altre, ma basta fare un esempio per comprenderlo. Una femmina di rospo comune depone dalle 3000 alle 6000 uova, e meno di 10 arriveranno come individui adulti all'età riproduttiva. Tutti gli assenti sotto forma di uova, girini o piccoli e grandi rospi, saranno stati cibo per altri animali: larve di ditisco, pesci, serpenti, uccelli, mustelidi ed altri ne avranno giovato; a loro volta essi costituiranno la fonte di cibo per altri esseri, come spiega la famosa catena alimentare o meglio ancora la rete trofica. Questo principio vale per ogni essere vivente, ma gli animali più specializzati subiscono maggiormente la mancanza di ogni singolo nutrimento.

Quando ho tempo, mi siedo vicino al laghetto e mi affascina osservare le interazioni fra le specie: api e vespe si sfidano per i posti migliori per bere, i girini di *Bufo bufo* e le lumache acquatiche (*Lymnaea stagnalis*) mangiano la *Ceratophyllum demersum,* la pianta che sta fornendo loro ossigeno, ignorando molto probabilmente che è proprio lei a permettere loro di vivere; i girini vengono a loro volta predati da alcune larve di ditisco e dalle ninfe di libellula; alcuni tritoni adulti si nutrono di insetti e altri artropodi; un biacco se ne va con la pancia piena, un gerride si nutre di larve di zanzara, mentre una piccola natrice dal collare va a caccia e un rospo cerca di predare api e damigelle.

Mi tengono spesso compagnia i canti di fringuelli, merli e tordi, ogni tanto a maggio e a giugno si sente "l'up-up-up" dell'upupa. Davanti a me, nella mia adorata quiete, in realtà si sta svolgendo la battaglia per la vita. Il laghetto artificiale e il giardino roccioso sono le mie più grandi soddisfazioni e sono anche le mie finestre personali sull'ecologia locale.

Sebbene con il binocolo io possa osservare i caprioli, gli uccelli e ammirare gli scoiattoli mentre fanno i funamboli; stare seduto nei pressi dello stagno ed essere lo spettatore privilegiato di un mondo così ricco di interazioni, è un'esperienza impagabile.

La scelta delle piante

Come già detto, erbe aromatiche e altre piante che si possono avere sul balcone o sul terrazzo attirano svariati insetti impollinatori e, come spiegherò più avanti, la forma del fiore ed altre sue caratteristiche ne selezionano di specifici. Solo per fare qualche esempio, qui di seguito potete vedere come specifiche piante attirano vari apoidei.

Piante e principali taxa dei visitatori:

Agrumi: *Bombus* e *Xylocopa violacea* (ape legnaiola)
Aceri: *Osmia, Bombus, Andrena*
Corbezzolo: *Anthophora, Bombus, Colletes succinctus.*
Biancospino: *Andrena, Osmia, Lasioglossum*
Rosa canina: *Osmia, Bombus, Andrena, Xylocopa violacea*
Aglio: *Halictus, Andrena, Xylocopa violacea, Hylaeus punctulatissimus*
Cipolla: *Andrena, Nomia, Hylaeus punctulatissimus*
Ruchetta/Rucola: *Anthophoridae*
Carote: *Bombus, Halictus maculatus, Andrena, Prosopis punctata.*
Finocchio: *Andrena rosae, Andrena aeneiventris, Andrene ventricosa, Halictus maculatus, Halictus subauratus, Xylocopa violacea*
Porro: *Andrena minutula, Andrena ovatula, Halictus maculatus*
Fragola: *Andrena*
Lampone: *Andrena, Bombus*
Pomodoro: *Bombus terrestris*
Zucchine: *Ceratina tarsata, Xylocopa*

Senza entrare nei particolari, vi posso consigliare alcune erbe aromatiche ed altre piante, coltivabili anche sul balcone, che attireranno molti impollinatori, non solo apoidei e che vi daranno molte soddisfazioni: aneto, borragine, camomilla, lavanda, maggiorana, melissa, menta, erba gatta (*Nepeta cataria*), origano, *Monarda citriodora*, rosmarino, salvia, timo, elicriso (*Helichrysum italicum*), issopo officinale, santoreggia, ruta, erba cipollina, peperoncino.

Altre piante, di facile coltura ed ideali sia per il balcone che per un giardino roccioso, sono quelle della famiglia delle *Crassulacee*, piante succulenti con dei graziosi fiorellini. Borracina acre – erba pignola (*Sedum acre*), Borracina bianca (*Sedum* album), Borracina maggiore (*Sedum telephium*), Borracina insipida (*Sedum sexangulare*), *Sedum* sp., autoctone, sono piante che esigono poca attenzione e che in cambio possono dare bellissimi risultati. Senza dimenticare: Sferracavallo comune (*Hippocrepis comosa*), Campanula soldanella (*Campanula rotundifolia*), Vedovella annuale (*Jasione montana*), Camedrio montano (*Teocrium montanum*), Geranio sanguigno (*Geranium sanguineum*).

Sull'origano e sulla menta del mio giardino arrivano sempre le Scolia hirta, bellissimi imenotteri neri con due bande gialle e con ali dai riflessi violacei. Queste ultime sono vespe solitarie, per nulla aggressive anzi, scappano facilmente, tanto che fotografarle in macro mi risulta sempre difficile.

Sul corbezzolo e su vari agrumi in vaso arrivano molte specie di bombi e di altri apoidei.
Poiché alcune piante fioriscono in ottobre ed in novem-

bre, l'unica accortezza richiesta è di aspettare la fioritura e l'impollinazione, prima di portarle in strutture protette da vetro o da nylon, per il ricovero invernale.

I fiori e la loro struttura

I fiori possono essere classificati in moltissimi modi. Ma semplificando e rimanendo nell'ambito di fiori e impollinatori, vorrei porre l'attenzione su alcuni aspetti relativi all'impollinazione entomofila di fiori grandi e vistosi.

La forma del fiore e la posizione degli organi sessuali cambiano da specie a specie; in base alla loro forma possiamo catalogarli, in modo molto semplificato, come segue:
- a piatto o a tazza, con organi diffusi e concentrici, i fiori che si sono adattati ad insetti primitivi, come i coleotteri;
- a capolino o a spazzola con organi diffusi, i fiori che si sono adattati a insetti che atterrano e hanno apparati boccali abbastanza lunghi, come vari apoidei e farfalle;
- a campana o ad imbuto, con organi distintamente centrali, quei fiori che si sono adattati ad insetti che vi strisciano dentro, come varie api;
- a fauce, con organi eccentrici, quei fiori adattatisi ad insetti che atterrano e forzano il passaggio, come alcune specie di api più evolute;
- a vessillo, anch'esso con organi eccentrici, i fiori adattatisi ad insetti che atterrano e forzano il passaggio, specie di api più evolute;
- a tromba, con organi in fondo alla tromba, quei fiori

adattatisi ad insetti che atterrano senza strisciare dentro, con lungo apparato boccale, come le farfalle;

- a tubo, in questo caso non è la disposizione degli organi sessuali a selezionare gli impollinatori, ma l'accessibilità al nettare, che è in fondo al tubo, escludendo così tutti i visitatori con apparato boccale troppo corto. Questi fiori si sono adattati ad insetti con capacità di volo stazionario, o capaci di atterrare in un posto attiguo al fiore e raggiungere comunque il nettare, come le falene.

Esistono anche insetti che arrivano al nettare con la forza, un esempio è il coleottero del genere Cetonia, dal colore verde metallizzato, che solitamente rompe il fiore delle rose per raggiungerlo. Esso costituisce un ottimo impollinatore, anche se con "danni collaterali".

Tutto questo *excursus* fra botanica ed entomologia non è mirato a far capire quanto sia bella ed incredibile l'ecologia, ma per spiegare perché senza alcune tipologie di piante non ci possono essere determinati insetti. Quando decidete di coltivare alcune piante ed avere alcuni ospiti, è bene che ricordiate queste cose. Ad esempio, se vi piace la falena colibrì, un buon punto di partenza per attirarla è avere piante con fiori a tromba ed a tubo.

I colori, il periodo di fioritura e la forma delle piante

Senza entrare troppo nei particolari, considerato che ci

sono diversi studi e ricerche a riguardo, vorrei porre l'attenzione sui colori dei fiori. Gli insetti impollinatori vengono spesso attratti da tinte particolari e vedono anche colori al di fuori dal nostro spettro del visibile. Queste parti colorate hanno spesso specifiche forme in grado di segnalare la strada corretta all'insetto. Questo è uno dei motivi per i quali dovremmo coltivare piante con fiori diversi sia nei colori che nelle forme, come abbiamo imparato in precedenza.

Per garantire la presenza di farfalle e apoidei durante tutto l'anno è fondamentale avere fiori in ogni stagione. Per questo motivo vi elenco alcune varietà e il loro periodo ideale di fioritura. A inizio primavera vanno bene *Crocus*, *Puschkinia*, Falso giacinto (*Scilla siberica*), *Chionodoxa forbesii*, *Muscari armeniacum* o optare per gli autoctoni Scilla silvestre (*Scilla bifolia*), Muscari azzurro (*Muscari botryoides*), Muscari atlantico (*Muscari racemosum*), Giglio (*Lilium martagon*), poi il tarassaco, l'erba cipollina, la salvia; ai quali potremmo far seguire tulipani e narcisi, o preferire gli autoctoni Latte di gallina ad ombrella (*Ornithogallum umbellatum*) e L'uva di volpe (*Paris quadrifolia*). In tarda primavera e in estate: malva, borragine, echinacea (i bombi le adorano), in alternativa gli autoctoni Fiordaliso stoppione, Fiordaliso montano e Fiordaliso vedovino, poi tagete, lavanda, girasoli, ginestra, iris, calendula, rose (rifiorenti). Infine, molti altri fiori ed arbusti anche con fioriture tardive: crisantemi, vedovina maggiore (*Cephalaria transsylvanica*), edera, astro, anemone (*Anemone hupehensis*), margherita gialla (*Rudbeckia fulgida*) in alternativa l'autoctona Senecione di fuchs (*Senecio ovatus*), nasturzio (*Tropaeolum majus*), zinnia o l'autoctona Camomilla per tintori (*Anthemis tinctoria*), achillea.

Altra cosa che spesso dimentichiamo è l'importanza della forma o il tipo di struttura delle piante stesse. Una piccola pianta con dei piccolissimi fiori, un cespuglio o una pianta rampicante hanno ruoli diversi nei vari *habitat*. Le rampicanti, per esempio, sono vere e proprie connessioni fra il suolo e le zone elevate, collegando diverse aree del giardino. Permettono alla fauna selvatica di potersi arrampicare e trovare riparo. Edera, clematide e rose sono solo alcune piante rampicanti che in base alla specie tornano utili con i loro fiori, i frutti e gli aculei. Possono essere un'ottima protezione per uccelli, insetti e micro mammiferi. Nell'edera nidificano molte specie, dai merli agli scriccioli con i loro bellissimi nidi a forma di sfera. Nel mio giardino l'arco di rose è la zona preferita per la nidificazione di molti uccelli, poiché gli aculei li rassicurano. Le diverse rose rampicanti selvatiche come la rosa canina, sono facili da coltivare. Ci sono alcune specie molto resistenti alle malattie fungine, altre rifiorenti; pensate anche a questi aspetti quando le acquistate.

Trattamenti, fungicidi e insetticidi

Si tratta di un altro argomento delicato.
Molte piante, di prassi le autoctone selvatiche, sono resi-

stenti alle varie malattie. Molti alberi da frutta e varie verdure sono però *cultivar*; dire *cultivar* corrisponde a parlare delle razze animali. Per spiegare meglio il concetto, confrontandolo con il mondo animale, vi è il lupo e il gatto selvatico, tutt'altra cosa è il cane o il gatto domestico. Per le piante è uguale: la frutta e la verdura che noi mangiamo, raramente provengono dalla specie selvatica, ciò le rende più produttive, più grandi, più gustose, ma anche meno resistenti. Negli ultimi anni però, grazie ad incroci opportuni e alla genetica, si stanno producendo varietà più refrattarie a molte malattie fungine e questo riduce anche la necessità di trattamenti.

Nel nostro caso, visto che lo scopo è attirare insetti come farfalle e apoidei, è opportuno orientarsi su *cultivar* forti, meno bisognose di trattamenti. I vari vivaisti vi potranno consigliare in merito.

Un altro problema da affrontare sono quegli insetti (ed altri artropodi), che noi classifichiamo come dannosi. Se è vero che un buon equilibrio ecologico in giardino li riduce di molto, può accadere comunque che ci sia una forte infestazione. La cosa più semplice, e a mio parere la migliore, è eliminarla rimuovendo manualmente le parti interessate. In alternativa, considerate che ci sono vari prodotti in commercio, tra cui i maggiormente consigliati sono a base di piretro, un composto di piretrine estratte da un crisantemo, con azione simile ai piretroidi di sintesi: entrambi agiscono per contatto, ma le prime hanno tempi di carenza inferiori, ossia 1-2 giorni. Purtroppo, uccidendo entrambi per contatto, non sono selettivi e quindi per limitare l'effetto di massacro degli artropodi, ne consiglio l'utilizzo a tarda sera. Questo accorgimento permetterà di risparmiare molte specie diurne, come gli apoidei, ma non eviterà purtroppo di uccidere altri insetti e artropodi notturni come lepidotteri, coleotteri o semplicemente quelli che riposano di notte sulle nostre piante. Non tutti hanno un'arnia in cui tornare, come fanno le api domestiche europee e questo argomento richiederebbe un approfondimento specifico. Anche il famoso olio di neem, seppure biologico, non è selettivo e crea problemi nella muta e nella metamorfosi degli insetti e degli artropodi in generale. Analogamente nei vertebrati può creare problemi steroidei - ormonali - e la sua presenza provoca complicazioni anche nel settore ittico. Non esistono trattamenti chirurgici, ogni principio attivo elimina più specie, alcuni tutte, senza fare distinguo fra quelli che noi reputiamo utili e inutili per i nostri intenti; per questo motivo vanno ridotti al minimo, ove possibile.

L'importanza della biodiversità

Non mi stancherò mai di dire quanto la biodiversità sia importante, è un argomento che tratto ripetutamente, in ogni libro e in ogni incontro. Tutelare la biodiversità vuol dire tutelare l'ambiente, i suoi *habitat* e questo di conseguenza evita altre possibili estinzioni. Quello che mi preme far capire alle persone è che ogni qualvolta si estingue una specie (animali, funghi, piante, monera, protisti) noi

perdiamo delle possibilità uniche. La natura è un'immensa
banca dati di cui conosciamo poco, ma basti sapere che
molte scienze attingono a lei: dall'ingegneria alla meccanica, dalla fisica alla medicina. Ed è proprio la medicina
che dovrebbe interessarci di più. Circa il 25% dei principi
attivi utilizzati in occidente deriva da vegetali (anche la
conosciuta aspirina dalla *Spiraea*), un 13% da vari micror-
ganismi e un 3% dagli animali. Quasi la metà, e siamo solo agli inizi. Ma oltre alle molecole contenute in questi esseri viventi esiste anche una seconda fonte, il genoma.
Possiamo studiare i vari geni di chi è immune ad alcune
malattie, possiamo capire cosa permette ad alcuni animali
di guarire; recentemente si è scoperto il gene che consente
ad alcune salamandre di rigenerare un arto. Queste ricerche potrebbero in futuro permettere di ricostruire
un'amputazione, per esempio. Le specie si sono sempre
estinte, vari studi affermano che una specie in media esiste
per circa 1 milione di anni. Negli ultimi 100 anni però la
biodiversità si è ridotta da 100 a 1000 volte più velocemente e si stima che ogni giorno, a livello mondiale,
scompaiano circa 50 specie (Dati Ispra). Gli esseri umani
devono capire che ad ogni essere vivente estinto corri-
spondono inferiori possibilità per la scienza e di conseguenza per l'umanità di sopravvivere. Tutelare le varie
specie vuol dire tutelarne gli *habitat* o ripristinarli; per
questo spero di riuscire a far sì che si rispetti di più la natura, dentro e fuori dal proprio giardino.

Conclusioni

Questo scritto non ha l'ambizione di rivoluzionare i giardini, i balconi o il modo di vedere molti degli animali qui nominati, ma spero che possa incuriosire alcuni lettori e indurli ad approfondire gli argomenti qui trattati solo minimamente, inducendoli poi a mettere in pratica qualche spunto.

Sono convinto che con poco si possa fare molto, principalmente per noi stessi. Avere un po' di natura vicino a noi ci fa conoscere meglio quella meravigliosa materia che è l'ecologia.

Se avete interesse per le varie casette citate potete acquistarle in molti store, anche se, per chi ne ha la possibilità, consiglio di provare l'esperienza di costruirle con i figli o i nipoti. Sono un'ottima occasione per condividere un'attività che rimarrà fra i ricordi più piacevoli. Lo dico per esperienza: si passa del tempo con i bambini, si può discutere, parlare di artigianato e natura e la soddisfazione di vedere le varie casette, prima finite e poi occupate è unica. Anche il giardinaggio, sia in balcone che in giardino, è un'ottima occasione per passare del tempo con i bambini. Far crescere le piante e poi godere dei loro frutti è una bellissima soddisfazione, e garantisce una qualità migliore degli alimenti a tavola.

Permettetemi un'ultima osservazione a cui tengo molto: le piante vanno acquistate, non eradicate *dall'habitat* naturale per trasferirle a nostro piacimento; questa operazione è vietata. Oggigiorno nei vivai si trovano diverse specie; queste piante, essendo coltivate in vaso, non subiscono lo stress a cui sottoponiamo le piante trapiantate, tolte dal loro ambiente d'origine, e vi daranno maggiori soddisfazioni.

Concludo con un breve riassunto.

La biodiversità è riuscire ad avere una buona varietà di organismi viventi all'interno di un determinato ambiente. Per ottenere questo, bisogna partire dalle piante. Una diversificazione delle piante, come abbiamo visto, è importante. Avere piante annuali o perenni, cespugli o alberi, è un ottimo inizio; puntare a fioriture che vanno da marzo a ottobre con fiori di forma e colori diversi attirerà insetti di specie diverse. In base allo spazio disponibile, creare ambienti variegati come giardini rocciosi, muri a secco, laghetti, cataste di legna o mucchi di pietre favorirà la presenza di molti animali: anfibi, rettili, piccoli mammiferi. Anche il compost è un micro ambiente molto importante, così come l'utilizzo di varie casette che possono ospitare uccelli, api selvatiche, ricci e pipistrelli. Cercate sempre di utilizzare piante autoctone o almeno piante alloctone ma presenti da secoli in Italia, evitando assolutamente quelle infestanti. Cercate di preferire una siepe come protezione anziché un muro di cemento, anche se inizialmente potrete proteggere il giardino con l'installazione di una rete temporanea aggiuntiva. Non attirate animali foraggiandoli, specialmente i vari carnivori, ma neanche i ricci. Un giardino con una buona biodiversità offrirà il giusto nutrimento e la visita di molti animali: rospi, lucertole, api, vespe, serpenti e ricci, che saranno ottimi alleati a contenere quegli animali che noi reputiamo nocivi come topi, bruchi della cavolaia (*Pieri brassicaia*), carpocapsa (*Cydia pomonella*) e tanti altri parassiti di verdura e frutta. Per quanto riguarda il prato, preferite un prato fiorito al classico prato inglese, ci sono molte sementi con varie caratteristiche, che hanno il vantaggio di essere più resistenti alla siccità. L'orto, di cui non ho parlato in questo libro va concepito con la stessa filosofia: coltivate verdure resistenti alle malattie, alternate le varie specie e inserite molte spezie e piante officinali.

Come dicevo inizialmente, basta poco, anche solo un balcone, per avere lo spettacolo della natura a portata di vista.

Annota qui le specie che osservi

RINGRAZIAMENTI

Ringrazio gli illustratori **Ava**, **Maria** e **Nicolas**.

Ringrazio **Daniela**, **Erica**, **Tomas**, per gli utili consigli durante la stesura dell'opera-

Ringrazio **Kathrin** che, da sempre, mi sostiene.

Infine, ringrazio **Antonella** de *Il volo delle farfalle* e **Nicola** fondatore di *Edizioni We*.

NOTE SULL'AUTORE

Mirko Maccani, altoatesino, fin da piccolo si appassiona alla natura che lo circonda ed inizia così un percorso di conoscenza che lo spinge a numerosi studi naturalistici e a stimolare i figli ad apprezzare la biodiversità.

Da molti anni si impegna a rendere il proprio giardino un habitat accogliente per molte specie animali.

Dello stesso autore

- **Nel bosco** (Ed. We)

- **Im Wald** (edizione tedesca - Ed. We)

Per seguire l'autore:

Social media
mirko.and.the.forest.wildlife
mirko_maccani_autore

Sito
www.mirkomaccani.it

INDICE DELLE ILLUSTRAZIONI

INDICE

Ringraziamenti

Note sull'autore